重庆市爆破工程计价定额

CQBPDE—2018

批准部门：重庆市城乡建设委员会

主编部门：重庆市城乡建设委员会

主编单位：重庆市建设工程造价管理总站

参编单位：重庆建工集团股份有限公司

重庆市爆破工程建设有限责任公司

重庆天廷工程咨询有限公司

施行日期：2018年8月1日

重庆大学出版社

图书在版编目(CIP)数据

重庆市爆破工程计价定额/重庆市建设工程造价管理总站主编.——重庆:重庆大学出版社,2018.7
ISBN 978-7-5689-1228-0

Ⅰ.①重… Ⅱ.①重… Ⅲ.①爆破施工—工程造价—重庆 Ⅳ.①TB41

中国版本图书馆 CIP 数据核字(2018)第 141268 号

重庆市爆破工程计价定额

CQBPDE — 2018

重庆市建设工程造价管理总站 主编

责任编辑:范春青 版式设计:范春青
责任校对:刘志刚 责任印制:张 策

*

重庆大学出版社出版发行

出版人:易树平

社址:重庆市沙坪坝区大学城西路 21 号

邮编:401331

电话:(023) 88617190 88617185(中小学)

传真:(023) 88617186 88617166

网址:http://www.cqup.com.cn

邮箱:fxk@cqup.com.cn (营销中心)

全国新华书店经销

重庆市正前方彩色印刷有限公司印刷

*

开本:890mm×1240mm 1/16 印张:2 字数:66 千

2018 年 7 月第 1 版 2018 年 7 月第 1 次印刷

ISBN 978-7-5689-1228-0 定价:10.00 元

前　言

　　为合理确定和有效控制工程造价,提高工程投资效益,维护发承包人合法权益,促进建设市场健康发展,我们组织重庆市建设、设计、施工及造价咨询企业,编制了2018年《重庆市爆破工程计价定额》CQBPDE—2018。

　　在执行过程中,请各单位注意积累资料,总结经验,如发现需要修改和补充之处,请将意见和有关资料提交至重庆市建设工程造价管理总站(地址:重庆市渝中区长江一路58号),以便及时研究解决。

领导小组

组　　长:乔明佳

副组长:李　明

成　　员:夏太凤　张　琦　罗天菊　杨万洪　冉龙彬　刘　洁　黄　刚

综合组

组　　长:张　琦

副组长:杨万洪　冉龙彬　刘　洁　黄　刚

成　　员:刘绍均　邱成英　傅　煜　娄　进　王鹏程　吴红杰　任玉兰　黄　怀
　　　　　李　莉

编制组

组　　长:娄　进

编制人员:黄琪敏　罗英廉　田　均　余广维

材料组

组　　长:邱成英

编制人员:徐　进　吕　静　李现峰　刘　芳　刘　畅　唐　波　王　红

审查专家:龚国均　何长国　李海泉　孟祥栋　宋　强　钟　凤

计算机辅助:成都鹏业软件股份有限公司　杨　浩　张福伦

重庆市城乡建设委员会

渝建〔2018〕200 号

重庆市城乡建设委员会
关于颁发 2018 年《重庆市房屋建筑与装饰工程计价定额》
等定额的通知

各区县（自治县）城乡建委，两江新区、经开区、高新区、万盛经开区、双桥经开区建设局，有关
单位：

为合理确定和有效控制工程造价，提高工程投资效益，规范建设市场计价行为，推动建设
行业持续健康发展，结合我市实际，我委编制了 2018 年《重庆市房屋建筑与装饰工程计价定
额》、《重庆市仿古建筑工程计价定额》、《重庆市通用安装工程计价定额》、《重庆市市政工程计
价定额》、《重庆市园林绿化工程计价定额》、《重庆市构筑物工程计价定额》、《重庆市城市轨道
交通工程计价定额》、《重庆市爆破工程计价定额》、《重庆市房屋修缮工程计价定额》、《重庆市
绿色建筑工程计价定额》和《重庆市建设工程施工机械台班定额》、《重庆市建设工程施工仪器
仪表台班定额》、《重庆市建设工程混凝土及砂浆配合比表》（以上简称 2018 年计价定额），现予
以颁发，并将有关事宜通知如下：

一、2018 年计价定额于 2018 年 8 月 1 日起在新开工的建设工程中执行，在此之前已发出
招标文件或已签订施工合同的工程仍按原招标文件或施工合同执行。

二、2018 年计价定额与 2018 年《重庆市建设工程费用定额》配套执行。

三、2008 年颁发的《重庆市建筑工程计价定额》、《重庆市装饰工程计价定额》、《重庆市安
装工程计价定额》、《重庆市市政工程计价定额》、《重庆市仿古建筑及园林工程计价定额》、《重
庆市房屋修缮工程计价定额》，2011 年颁发的《重庆市城市轨道交通工程计价定额》，2013 年颁
发的《重庆市建筑安装工程节能定额》，以及有关配套定额、解释和规定，自 2018 年 8 月 1 日起
停止使用。

四、2018 年计价定额由重庆市建设工程造价管理总站负责管理和解释。

重庆市城乡建设委员会

2018 年 5 月 2 日

目　录

总 说 明

一、《重庆市爆破工程计价定额》(以下简称本定额)是根据《爆破工程消耗量定额》(GYD-102-2008)、《爆破工程基础单价》(BXB-002-2009)、《爆破工程工程量计算规范》(GB50862-2013)、《重庆市市政工程计价定额》(CQSZDE-2008)、《重庆市建设工程工程量计算规则》(CQJLGZ-2013)、《民用爆炸物品安全管理条例》、《爆破安全规程》及现行有关设计规范、施工验收规范、质量评定标准、国家产品标准等相关规定,并参考了行业、地方标准及代表性的设计、施工等资料,结合本市实际情况进行编制的。

二、本定额适用于本市行政区域内的房屋建筑、市政基础设施及城市轨道交通工程中的露天爆破工程。

三、本定额是本市行政区域内国有资金投资的建设工程编制和审核施工图预算、招标控制价(最高投标限价)、工程结算的依据,是编制投标报价的参考,也是编制概算定额和投资估算指标的基础。

非国有资金投资的建设工程可参照本定额规定执行。

四、本定额按正常施工条件,大多数施工企业采用的施工方法、机械化程度和合理的劳动组织及工期进行编制的,反映了社会平均人工、材料、机械消耗水平。本定额中的人工、材料、机械消耗量除规定允许调整外,均不得调整。

五、本定额综合单价是指完成一个规定计量单位的分部分项工程项目或措施项目所需的人工费、材料费、施工机具使用费、企业管理费、利润及一般风险费。本定额综合单价是按一般计税法计算的,计算程序见下表:

定额综合单价计算程序表

序号	费用名称	计费基础
		定额人工费+定额施工机具使用费
	定额综合单价	1+2+3+4+5+6
1	定额人工费	
2	定额材料费	
3	定额施工机具使用费	
4	企业管理费	(1+3)×费率
5	利 润	(1+3)×费率
6	一般风险费	(1+3)×费率

(一)人工费:

本定额人工以工种综合工表示,内容包括基本用工、超运距用工、辅助用工、人工幅度差,定额人工按8小时工作制计算。

定额人工单价为:土石方综合工100元/工日,爆破综合工125元/工日。

(二)材料费:

1.本定额材料消耗量已包括材料、成品、半成品的净用量以及从工地仓库、现场堆放地点或现场加工地点至操作或安装地点的运输损耗、施工操作损耗、施工现场堆放损耗。

2.本定额材料已包括施工中消耗的主要材料、辅助材料和零星材料,辅助材料和零星材料合并为其他材料费。

3.本定额已包括材料、成品、半成品从工地仓库、现场堆放地点或现场加工地点至操作或安装地点的水平运输费用。

(三)施工机具使用费:

1.本定额不包括机械原值(单位价值)在2000元以内、使用年限在一年以内、不构成固定资产的工具用具性小型机械费用,该"工具用具使用费"已包含在企业管理费用中,但其消耗的燃料动力已列入材料内。

2.本定额已包括工程施工的中小型机械的30km以内,从甲工地(或基地)至乙工地的搬迁运输费和场内运输费。

（四）企业管理费、利润：

本定额综合单价中的企业管理费、利润是按《重庆市建设工程费用定额》规定专业工程进行取定的，使用时不作调整。

（五）一般风险费：

本定额包含了《重庆市建设工程费用定额》所指的一般风险费，使用时不作调整。

六、人工、材料、机械燃料动力价格调整：

本定额人工、材料、成品、半成品和机械燃料动力价格，是以定额编制期市场价格确定的，建设项目实施阶段市场价格与定额价格不同时，可参照建设工程造价管理机构发布的工程所在地的信息价格或市场价格进行调整，价差不作为计取企业管理费、利润、一般风险费的计费基础。

七、本定额土石方运输、构件运输及特大型机械进出场中已综合考虑了运输道路等级、重车上下坡等多种因素，但不包括过路费、过桥费和桥梁加固、道路拓宽、道路修整等费用，发生时另行计算。

八、本定额未编制地下爆破、硐室爆破、拆除爆破、水下爆破及特种爆破的各类爆破工程；市政基础设施工程中的隧道爆破开挖及城市轨道交通工程中的地下区间爆破开挖按相应专业定额执行。

九、本定额的缺项，按其他专业计价定额相关项目执行；再缺项时，由建设、施工、监理单位共同编制一次性补充定额。

十、本定额的工作内容已说明了主要的施工工序，次要工序虽未说明，但均已包括在内。

十一、本定额中未注明单位的，均以"mm"为单位。

十二、本定额中注有"×××以内"或者"×××以下"者，均包括×××本身；"×××以外"或者"×××以上"者，则不包括×××本身。

十三、本定额总说明未尽事宜，详见各章说明。

A 露天爆破工程

说　明

一、岩石分类详见下表。

岩石分类表

名称	代表性岩石	岩石单轴饱和抗压强度（MPa）	开挖方法
软质岩	1.全风化的各种岩石 2.各种半成岩 3.强风化的坚硬岩 4.弱风化～强风化的较坚硬岩 5.未风化的泥岩等 6.未风化～微风化的凝灰岩、千枚岩、砂质泥岩、泥灰岩、粉砂岩、页岩等	<30	用手凿工具、风镐、机械凿打及爆破法开挖
较硬岩	1.弱风化的坚硬岩 2.未风化～微风化的熔结凝灰岩、大理岩、板岩、白云岩、石灰岩、钙质胶结的砂岩等	30～60	用机械切割、水磨钻机、机械凿打及爆破法开挖
坚硬岩	未风化～微风化的花岗岩、正长岩、闪长岩、辉绿岩、玄武岩、安山岩、片麻岩、石英片岩、硅质板岩、石英岩、硅质胶结的砾岩、石英砂岩、硅质石灰岩等	>60	用机械切割、水磨钻机及爆破法开挖

注：1.软质岩综合了极软岩、软岩、较软岩。
　　2.岩石分类按代表性岩石的开挖方法或者岩石单轴饱和抗压强度确定,满足其中之一即可。

二、关于一般石方爆破：

1.一般环境石方爆破炮眼成孔机械是按风钻、潜孔钻和挖机钻综合考虑编制的,实际与定额不同时不允许调整。

2.城镇及复杂环境石方爆破是指在爆区100m范围内有居民集中区、大型养殖场或重要设施的环境中,采取控制有害效应措施实施的爆破作业。

（1）A类城镇及复杂环境是指爆破范围至居民集中区、大型养殖场或重要设施距离50m以内。

（2）B类城镇及复杂环境是指爆破范围至居民集中区、大型养殖场或重要设施距离大于50m、小于100m。

（3）国家一、二级文物,极精密贵重仪器,重要建（构）筑物,Ⅰ、Ⅱ级铁路,高速公路,发电厂房等可以认为是极重要设施。

（4）城镇及复杂环境爆破定额中只包括爆破工作内容,不包括爆破有害效应防护措施等内容,按经审批的施工组织设计（方案）按实另行计算。

3.岩石静态爆破若设计的膨胀剂材料用量与定额规定不同时,可作调整。

4. 桥梁锚锭、轨道明挖车站、地下车库及地下构筑物爆破深度＞8 m的石方爆破,按石方爆破相应定额项目乘以系数1.5执行。

三、关于沟槽和基坑石方爆破：

1.凡设计底宽≤7m且底长＞3倍底宽,执行沟槽石方爆破项目；凡设计底长≤3倍底宽且底面积≤150m²,执行基坑石方爆破项目。

2.基坑爆破和沟槽爆破定额项目已综合考虑光面爆破或预裂爆破。

3.沟槽、基坑石方爆破项目是按深度2m编制的,深度在4m以内人工乘以系数1.3,深度在6m以内人工乘以系数1.5,深度在8m以内人工乘以系数1.6,深度超过8m时人工乘以系数1.8。

四、光面爆破和预裂爆破适用于有设计要求的一般石方爆破。

五、本定额工作内容中的二次破碎是指以满足装车为目的。

六、本定额不包含炸药及雷管配送费、爆破安全评估费,应根据相关行政主管部门的要求按实计算。

工程量计算规则

一、一般石方爆破按设计图示尺寸体积加石方放坡、机械作业面及允许超挖量以"m³"计算。

1.设计要求放坡时,按设计放坡坡度计算放坡工程量。

2.机械进入施工作业面、上下坡道增加的工程量,按设计或批准的施工组织设计计算。

3.一般石方爆破允许超挖量按被开挖坡面面积乘以180mm(厚)计算,凡执行光面爆破和预裂爆破定额项目,则不再计算允许超挖量。

二、基坑、沟槽石方爆破按设计图示尺寸加工作面宽度及放坡以"m³"计算。设计要求放坡时,按设计放坡坡度计算放坡工程量。设计有规定时工作面宽度按设计计算,设计无规定时按下表计算:

管道工程			建筑工程		构筑物	
管径(mm)	非金属(m)	金属(m)	基础材料	每侧工作面宽(m)	无防潮层(m)	有防潮层(m)
50～75	0.3	0.3	砖	0.20		
100～500	0.4	0.3	浆砌条石、毛石	0.15		
600～1000	0.5	0.4	砼垫层或基础支模板	0.3	0.4	0.6
1100～1500	0.6	0.5	垂面做防水防潮层	0.8		
1600～2500	0.8	0.7				

三、预裂爆破和光面爆破工程量按设计图示尺寸面积以"m²"计算。

A.1 石方爆破工程(编码:090101)

A.1.1 一般石方爆破(编码:090101001)
A.1.1.1 一般环境石方爆破
A.1.1.1.1 风钻石方爆破

工作内容: 布孔、钻孔、验孔、装药、填塞、联网络、覆盖、警戒、起爆、爆后检查、二次破碎、爆破材料检查领运及余料退库。

计量单位:100m³

定 额 编 号			HA0001	HA0002	HA0003
项 目 名 称			一般环境石方爆破		
			风钻石方爆破		
			软质岩	较硬岩	坚硬岩
综 合 单 价 (元)			1040.09	1485.04	1997.85
费用其中	人 工 费 (元)		250.88	359.88	474.00
	材 料 费 (元)		449.55	591.37	742.45
	施 工 机 具 使 用 费 (元)		213.23	342.47	512.64
	企 业 管 理 费 (元)		85.40	129.23	181.54
	利 润 (元)		35.46	53.66	75.38
	一 般 风 险 费 (元)		5.57	8.43	11.84

	编码	名 称	单位	单价(元)	消 耗 量		
人工	000700020	爆破综合工	工日	125.00	2.007	2.879	3.792
材料	011500030	六角空心钢 22~25	kg	3.93	1.122	1.667	2.200
	031391310	合金钢钻头一字形	个	25.56	0.935	1.389	1.833
	340300710	乳化炸药	kg	11.11	28.138	37.350	47.673
	340300400	电雷管	个	1.79	29.762	37.879	41.667
	172700820	高压胶皮风管 φ25−6P−20m	m	7.69	0.206	0.333	0.504
	172702130	高压胶皮水管 φ19−6P−20m	m	2.84	0.206	0.333	0.504
	280304200	铜芯聚氯乙烯绝缘导线 BV−1.5mm²	m	0.71	46.944	48.288	51.872
	341100100	水	m³	4.42	2.990	4.530	6.700
	002000020	其他材料费	元	—	6.64	8.74	10.97
机械	990128010	风动凿岩机 气腿式	台班	14.30	0.935	1.515	2.292
	991004030	内燃空气压缩机 9m³/min	台班	415.33	0.437	0.707	1.069
	990768010	电动修钎机	台班	106.13	0.173	0.256	0.338

工作内容: 布孔、钻孔、验孔、装药、填塞、联网络、覆盖、警戒、起爆、爆后检查、二次破碎、爆破材料检查领运及余料退库。

计量单位:100m³

定 额 编 号				HA0004	HA0005	HA0006
项 目 名 称				一般环境石方爆破		
				潜孔钻石方爆破		
				软质岩	较硬岩	坚硬岩
综 合 单 价 （元）				845.72	1094.81	1445.23
费用	其中	人 工 费 （元）		115.00	157.00	248.00
		材 料 费 （元）		499.66	574.99	698.40
		施工机具使用费 （元）		156.98	251.54	338.95
		企 业 管 理 费 （元）		50.04	75.17	108.00
		利 润 （元）		20.78	31.21	44.84
		一 般 风 险 费 （元）		3.26	4.90	7.04
	编码	名 称	单位	单价（元）	消　耗　量	
人工	000700020	爆破综合工	工日	125.00	0.920	1.256	1.984
材料	011500030	六角空心钢 22~25	kg	3.93	0.020	0.030	0.040
	031391310	合金钢钻头一字形	个	25.56	0.090	0.130	0.190
	340300710	乳化炸药	kg	11.11	38.934	43.947	52.650
	340300600	非电毫秒雷管	个	4.62	2.220	2.400	2.600
	340300400	电雷管	个	1.79	6.220	7.240	9.260
	172700820	高压胶皮风管 φ25-6P-20m	m	7.69	0.140	0.180	0.210
	172702130	高压胶皮水管 φ19-6P-20m	m	2.84	0.190	0.240	0.290
	031394885	钻头 φ76	个	205.13	0.040	0.080	0.140
	032102670	钻杆	根	1538.46	0.001	0.002	0.003
	280304200	铜芯聚氯乙烯绝缘导线 BV—1.5mm²	m	0.71	14.030	15.350	16.250
	341100100	水	m³	4.42	3.310	4.140	5.030
	002000020	其他材料费	元	—	7.38	8.50	10.32
机械	990157010	履带式液压潜孔钻机 100mm以内	台班	576.18	0.188	0.312	0.438
	990128010	风动凿岩机 气腿式	台班	14.30	0.350	0.440	0.530
	991004030	内燃空气压缩机 9m³/min	台班	415.33	0.100	0.150	0.180
	990768010	电动修钎机	台班	106.13	0.020	0.030	0.040

A.1.1.1.3 挖机钻石方爆破

工作内容: 布孔、钻孔、验孔、装药、填塞、联网络、覆盖、警戒、起爆、爆后检查、二次破碎、爆破材料检查领运及余料退库。

计量单位:100m³

定 额 编 号					HA0007	HA0008	HA0009
项 目 名 称					一般环境石方爆破		
					挖机钻石方爆破		
					软质岩	较硬岩	坚硬岩
综 合 单 价 (元)					**699.66**	**953.33**	**1299.84**
费用	其中	人 工 费 (元)			151.63	208.13	258.88
		材 料 费 (元)			341.30	446.95	573.72
		施工机具使用费 (元)			130.01	189.84	311.79
		企 业 管 理 费 (元)			51.82	73.23	105.00
		利 润 (元)			21.52	30.40	43.60
		一 般 风 险 费 (元)			3.38	4.78	6.85
	编码	名 称	单位	单价(元)	消	耗	量
人工	000700020	爆破综合工	工日	125.00	1.213	1.665	2.071
材料	031394885	钻头 φ76	个	205.13	0.089	0.134	0.213
	032102670	钻杆	根	1538.46	0.001	0.002	0.003
	340300710	乳化炸药	kg	11.11	22.510	29.880	38.138
	340300400	电雷管	个	1.79	15.873	19.841	25.253
	280304200	铜芯聚氯乙烯绝缘导线 BV-1.5mm²	m	0.71	32.861	33.802	36.310
	341100100	水	m³	4.42	3.310	4.140	5.030
	002000020	其他材料费	元	—	5.04	6.61	8.48
机械	990158010	挖机钻机	台班	1150.53	0.113	0.165	0.271

A.1.1.2 **城镇及复杂环境石方爆破**

A.1.1.2.1 A级石方爆破

工作内容: 布孔、钻孔、验孔、装药、填塞、联网络、覆盖、警戒、起爆、爆后检查、二次破碎、爆破材料检查领运及余料退库。

计量单位:100m³

定 额 编 号					HA0010	HA0011	HA0012
项 目 名 称					城镇及复杂环境石方爆破		
					A级石方爆破		
					软质岩	较硬岩	坚硬岩
综 合 单 价 (元)					**2742.11**	**3939.16**	**5277.41**
费用	其中	人 工 费 (元)			752.63	1079.63	1422.00
		材 料 费 (元)			970.52	1258.15	1511.22
		施工机具使用费 (元)			639.69	1027.42	1537.91
		企 业 管 理 费 (元)			256.19	387.70	544.62
		利 润 (元)			106.37	160.98	226.14
		一 般 风 险 费 (元)			16.71	25.28	35.52
	编码	名 称	单位	单价(元)	消	耗	量
人工	000700020	爆破综合工	工日	125.00	6.021	8.637	11.376
材料	011500030	六角空心钢 22~25	kg	3.93	3.366	5.001	6.600
	031391310	合金钢钻头一字形	个	25.56	2.805	4.167	5.499
	340300710	乳化炸药	kg	11.11	28.138	37.350	47.673
	340300600	非电毫秒雷管	个	4.62	89.286	113.637	125.001
	172700820	高压胶皮风管 φ25-6P-20m	m	7.69	0.618	0.999	1.512
	172702130	高压胶皮水管 φ19-6P-20m	m	2.84	0.618	0.999	1.512
	280304200	铜芯聚氯乙烯绝缘导线 BV-1.5mm²	m	0.71	140.832	144.864	155.616
	341100100	水	m³	4.42	8.970	13.590	20.100
	002000020	其他材料费	元	—	14.34	18.59	22.33
机械	990128010	风动凿岩机 气腿式	台班	14.30	2.805	4.545	6.876
	991004030	内燃空气压缩机 9m³/min	台班	415.33	1.311	2.121	3.207
	990768010	电动修钎机	台班	106.13	0.519	0.768	1.014

工作内容:布孔、钻孔、验孔、装药、填塞、联网络、覆盖、警戒、起爆、爆后检查、二次破碎、爆破材料检查领
运及余料退库。

计量单位:100m³

定 额 编 号					HA0013	HA0014	HA0015
项 目 名 称					城镇及复杂环境石方爆破		
					B级石方爆破		
					软质岩	较硬岩	坚硬岩
综 合 单 价 (元)					**1252.42**	**1694.07**	**2296.78**
费用其中		人 工 费 (元)			230.00	314.00	496.00
		材 料 费 (元)			560.28	654.40	803.10
		施工机具使用费 (元)			313.96	503.09	677.90
		企 业 管 理 费 (元)			100.09	150.34	216.00
		利 润 (元)			41.56	62.43	89.69
		一 般 风 险 费 (元)			6.53	9.81	14.09
	编码	名 称	单位	单价(元)	消 耗 量		
人工	000700020	爆破综合工	工日	125.00	1.840	2.512	3.968
材料	011500030	六角空心钢 22~25	kg	3.93	0.040	0.060	0.080
	031391310	合金钢钻头一字形	个	25.56	0.180	0.260	0.380
	340300710	乳化炸药	kg	11.11	38.934	43.947	52.650
	340300600	非电毫秒雷管	个	4.62	4.440	4.800	5.200
	340300400	电雷管	个	1.79	12.440	14.480	18.520
	172700820	高压胶皮风管 $\phi25-6P-20m$	m	7.69	0.280	0.360	0.420
	172702130	高压胶皮水管 $\phi19-6P-20m$	m	2.84	0.380	0.480	0.580
	031394885	钻头 $\phi76$	个	205.13	0.080	0.160	0.280
	032102670	钻杆	根	1538.46	0.002	0.004	0.006
	280304200	铜芯聚氯乙烯绝缘导线 BV—1.5mm²	m	0.71	28.060	30.700	32.500
	341100100	水	m³	4.42	6.620	8.280	10.060
	002000020	其他材料费	元	—	8.28	9.67	11.87
机械	990157010	履带式液压潜孔钻机 100mm以内	台班	576.18	0.376	0.624	0.876
	990128010	风动凿岩机 气腿式	台班	14.30	0.700	0.880	1.060
	991004030	内燃空气压缩机 9m³/min	台班	415.33	0.200	0.300	0.360
	990768010	电动修钎机	台班	106.13	0.040	0.060	0.080

工作内容:布孔,钻孔,脸孔,调配膨胀剂,装膨胀剂,填塞,风镐二次破碎、撬移。 计量单位:100m³

定 额 编 号					HA0016	HA0017	HA0018
项 目 名 称					岩石静态爆破		
					软质岩	较硬岩	坚硬岩
综 合 单 价 (元)					**16197.03**	**20373.28**	**26482.09**
费用	其中	人 工 费 (元)			4929.25	6188.50	8040.25
		材 料 费 (元)			1891.40	2255.89	2764.20
		施 工 机 具 使 用 费 (元)			6313.77	8050.25	10600.03
		企 业 管 理 费 (元)			2068.72	2619.93	3429.81
		利 润 (元)			858.97	1087.84	1424.12
		一 般 风 险 费 (元)			134.92	170.87	223.68
编码	名 称		单位	单价(元)	消	耗	量
人工	000700020	爆破综合工	工日	125.00	39.434	49.508	64.322
材料	143504800	膨胀剂	kg	0.85	1648.000	1883.428	2197.333
	031391310	合金钢钻头一字形	个	25.56	12.825	17.100	23.941
	032102860	钢钎	kg	6.50	15.238	21.317	28.444
	172700820	高压胶皮风管 ϕ25—6P—20m	m	7.69	4.000	5.079	6.667
	172702130	高压胶皮水管 ϕ19—6P—20m	m	2.84	4.000	5.079	6.667
	002000010	其他材料费	元	—	21.63	25.86	29.45
机械	990129010	风动凿岩机 手持式	台班	12.25	24.889	31.605	41.481
	991003070	电动空气压缩机 10m³/min	台班	363.27	15.733	20.017	26.272
	990768010	电动修钎机	台班	106.13	2.766	3.689	5.164

A.1.2 基坑石方爆破(编码:090101002)

A.1.2.1 底面积 4m² 以内

工作内容:布孔,钻孔,验孔,装药,填塞,联网络,覆盖,警戒,起爆,爆后检查,二次破碎、爆破材料检查领运及余料退库。 计量单位:100m³

定 额 编 号					HA0019	HA0020	HA0021
项 目 名 称					底面积 4m² 以内		
					软质岩	较硬岩	坚硬岩
综 合 单 价 (元)					**7016.70**	**11465.64**	**19863.94**
费用	其中	人 工 费 (元)			2573.13	4264.50	8881.50
		材 料 费 (元)			2356.99	3712.18	5042.49
		施 工 机 具 使 用 费 (元)			1089.01	1829.07	2766.92
		企 业 管 理 费 (元)			673.83	1121.22	2143.31
		利 润 (元)			279.79	465.55	889.94
		一 般 风 险 费 (元)			43.95	73.12	139.78
编码	名 称		单位	单价(元)	消	耗	量
人工	000700020	爆破综合工	工日	125.00	20.585	34.116	71.052
材料	011500030	六角空心钢 22~25	kg	3.93	13.230	23.440	36.620
	031391310	合金钢钻头一字形	个	25.56	8.400	14.890	23.260
	340300710	乳化炸药	kg	11.11	112.530	189.750	255.830
	340300400	电雷管	个	1.79	359.080	456.880	573.840
	172700820	高压胶皮风管 ϕ25—6P—20m	m	7.69	2.184	3.640	5.230
	172702130	高压胶皮水管 ϕ19—6P—20m	m	2.84	2.184	3.640	5.230
	280304200	铜芯聚氯乙烯绝缘导线 BV—1.5mm²	m	0.71	46.925	61.088	71.266
	341100100	水	m³	4.42	24.024	40.040	57.560
	002000020	其他材料费	元	—	34.83	54.86	74.52
机械	990128010	风动凿岩机 气腿式	台班	14.30	4.526	7.544	11.096
	991004030	内燃空气压缩机 9m³/min	台班	415.33	2.261	3.768	5.544
	990768010	电动修钎机	台班	106.13	0.803	1.472	2.880

工作内容:布孔、钻孔、验孔、装药、填塞、联网络、覆盖、警戒、起爆、爆后检查、二次破碎、爆破材料检查领运及余料退库。

计量单位:100m³

定　额　编　号					HA0022	HA0023	HA0024
项　目　名　称					底面积 10m² 以内		
					软质岩	较硬岩	坚硬岩
综　合　单　价（元）					**4355.94**	**7502.60**	**12899.64**
费用	其中	人　工　费　（元）			1407.88	2624.38	5491.00
		材　料　费　（元）			1582.74	2527.16	3438.89
		施工机具使用费　（元）			771.63	1285.90	1944.36
		企业管理费　（元）			401.03	719.49	1368.11
		利　　润　（元）			166.51	298.75	568.06
		一般风险费　（元）			26.15	46.92	89.22
	编码	名　称	单位	单价（元）	消　　耗　　量		
人工	000700020	爆破综合工	工日	125.00	11.263	20.995	43.928
材料	011500030	六角空心钢 22～25	kg	3.93	9.350	16.470	25.730
	031391310	合金钢钻头一字形	个	25.56	5.940	10.460	16.340
	340300710	乳化炸药	kg	11.11	79.330	133.770	180.240
	340300400	电雷管	个	1.79	195.870	257.230	322.820
	172700820	高压胶皮风管 φ25－6P－20m	m	7.69	1.518	2.530	3.620
	172702130	高压胶皮水管 φ19－6P－20m	m	2.84	1.518	2.530	3.620
	280304200	铜芯聚氯乙烯绝缘导线 BV－1.5mm²	m	0.71	68.939	86.358	104.824
	341100100	水	m³	4.42	16.716	27.860	39.920
	002000020	其他材料费	元	—	23.39	37.35	50.82
机械	990128010	风动凿岩机 气腿式	台班	14.30	3.178	5.296	7.792
	991004030	内燃空气压缩机 9m³/min	台班	415.33	1.589	2.648	3.896
	990768010	电动修钎机	台班	106.13	0.624	1.040	2.024

工作内容:布孔、钻孔、验孔、装药、填塞、联网络、覆盖、警戒、起爆、爆后检查、二次破碎、爆破材料检查领运及余料退库。

计量单位:100m³

定　额　编　号					HA0025	HA0026	HA0027
项　目　名　称					底面积 20m² 以内		
					软质岩	较硬岩	坚硬岩
综　合　单　价（元）					**2785.92**	**4756.77**	**7319.53**
费用	其中	人　工　费　（元）			442.25	895.25	1534.25
		材　料　费　（元）			1362.96	2183.89	2972.03
		施工机具使用费　（元）			676.08	1126.82	1882.52
		企业管理费　（元）			205.77	372.06	628.69
		利　　润　（元）			85.44	154.49	261.04
		一般风险费　（元）			13.42	24.26	41.00
	编码	名　称	单位	单价（元）	消　　耗　　量		
人工	000700020	爆破综合工	工日	125.00	3.538	7.162	12.274
材料	011500030	六角空心钢 22～25	kg	3.93	8.130	14.440	22.550
	031391310	合金钢钻头一字形	个	25.56	4.914	9.090	14.190
	340300710	乳化炸药	kg	11.11	69.360	117.290	158.130
	340300400	电雷管	个	1.79	161.110	201.450	251.350
	172700820	高压胶皮风管 φ25－6P－20m	m	7.69	1.326	2.210	3.160
	172702130	高压胶皮水管 φ19－6P－20m	m	2.84	1.326	2.210	3.160
	280304200	铜芯聚氯乙烯绝缘导线 BV－1.5mm²	m	0.71	67.558	96.200	116.908
	341100100	水	m³	4.42	14.562	24.270	34.790
	002000020	其他材料费	元	—	20.14	32.27	43.92
机械	990128010	风动凿岩机 气腿式	台班	14.30	2.789	4.648	7.632
	991004030	内燃空气压缩机 9m³/min	台班	415.33	1.392	2.320	3.816
	990768010	电动修钎机	台班	106.13	0.547	0.912	1.776

工作内容:布孔、钻孔、验孔、装药、填塞、联网络、覆盖、警戒、起爆、爆后检查、二次破碎、爆破材料检查领运及余料退库。

计量单位:100m³

定　额　编　号					HA0028	HA0029	HA0030
项　目　名　称					底面积 50m² 以内		
					软质岩	较硬岩	坚硬岩
综　合　单　价　（元）					**2392.99**	**4031.29**	**6219.16**
费用其中	人　工　费　（元）				402.63	771.00	1304.38
	材　料　费　（元）				1173.89	1872.68	2526.23
	施 工 机 具 使 用 费 （元）				555.48	925.49	1597.95
	企 业 管 理 费 （元）				176.29	312.15	534.03
	利　　润　　（元）				73.20	129.61	221.74
	一 般 风 险 费 （元）				11.50	20.36	34.83
	编码	名　　称	单位	单价（元）	消　耗　量		
人工	000700020	爆破综合工	工日	125.00	3.221	6.168	10.435
材料	011500030	六角空心钢 22～25	kg	3.93	6.910	12.270	19.170
	031391310	合金钢钻头一字形	个	25.56	4.390	7.730	12.060
	340300710	乳化炸药	kg	11.11	58.960	99.690	134.410
	340300400	电雷管	个	1.79	136.940	171.240	213.650
	172700820	高压胶皮风管 φ25-6P-20m	m	7.69	1.128	1.880	2.690
	172702130	高压胶皮水管 φ19-6P-20m	m	2.84	1.128	1.880	2.690
	280304200	铜芯聚氯乙烯绝缘导线 BV-1.5mm²	m	0.71	57.420	81.772	99.374
	341100100	水	m³	4.42	14.562	24.270	29.570
	002000020	其他材料费	元	—	17.35	27.68	37.33
机械	990128010	风动凿岩机 气腿式	台班	14.30	2.371	3.952	6.480
	991004030	内燃空气压缩机 9m³/min	台班	415.33	1.138	1.896	3.240
	990768010	电动修钎机	台班	106.13	0.461	0.768	1.504

工作内容:布孔、钻孔、验孔、装药、填塞、联网络、覆盖、警戒、起爆、爆后检查、二次破碎、爆破材料检查领运及余料退库。

计量单位:100m³

定　额　编　号					HA0031	HA0032	HA0033
项　目　名　称					底面积 100m² 以内		
					软质岩	较硬岩	坚硬岩
综　合　单　价　（元）					**1899.72**	**3094.22**	**4758.37**
费用其中	人　工　费　（元）				352.75	582.00	987.63
	材　料　费　（元）				890.61	1419.68	1931.75
	施 工 机 具 使 用 费 （元）				440.32	734.05	1233.86
	企 业 管 理 费 （元）				145.93	242.15	408.75
	利　　润　　（元）				60.59	100.55	169.72
	一 般 风 险 费 （元）				9.52	15.79	26.66
	编码	名　　称	单位	单价（元）	消　耗　量		
人工	000700020	爆破综合工	工日	125.00	2.822	4.656	7.901
材料	011500030	六角空心钢 22～25	kg	3.93	5.280	9.390	14.660
	031391310	合金钢钻头一字形	个	25.56	3.350	5.910	9.220
	340300710	乳化炸药	kg	11.11	45.140	76.240	102.790
	340300400	电雷管	个	1.79	104.720	130.950	163.380
	172700820	高压胶皮风管 φ25-6P-20m	m	7.69	0.864	1.440	2.050
	172702130	高压胶皮水管 φ19-6P-20m	m	2.84	0.864	1.440	2.050
	280304200	铜芯聚氯乙烯绝缘导线 BV-1.5mm²	m	0.71	43.907	62.530	75.988
	341100100	水	m³	4.42	9.468	15.780	22.610
	002000020	其他材料费	元	—	13.16	20.98	28.55
机械	990128010	风动凿岩机 气腿式	台班	14.30	1.814	3.024	5.008
	991004030	内燃空气压缩机 9m³/min	台班	415.33	0.907	1.512	2.504
	990768010	电动修钎机	台班	106.13	0.355	0.592	1.152

A.1.2.6 底面积 150m² 以内

工作内容:布孔、钻孔、验孔、装药、填塞、联网络、覆盖、警戒、起爆、爆后检查、二次破碎、爆破材料检查领
运及余料退库。

计量单位:100m³

	定 额 编 号			HA0034	HA0035	HA0036
	项 目 名 称			底面积 150m² 以内		
				软质岩	较硬岩	坚硬岩
	综 合 单 价 (元)			**1369.70**	**2075.87**	**3091.02**
费用	其中	人 工 费 (元)		292.75	421.25	674.38
		材 料 费 (元)		632.09	930.98	1234.30
		施 工 机 具 使 用 费 (元)		286.95	478.54	784.85
		企 业 管 理 费 (元)		106.66	165.56	268.50
		利 润 (元)		44.29	68.74	111.48
		一 般 风 险 费 (元)		6.96	10.80	17.51
	编码	名 称	单位	单价(元)	消 耗 量	
人工	000700020	爆破综合工	工日	125.00	2.342	3.370	5.395
材料	011500030	六角空心钢 22~25	kg	3.93	3.750	6.190	9.330
	031391310	合金钢钻头一字形	个	25.56	2.380	3.930	5.960
	340300710	乳化炸药	kg	11.11	32.080	50.250	66.040
	340300400	电雷管	个	1.79	72.070	76.240	95.060
	172700820	高压胶皮风管 φ25−6P−20m	m	7.69	0.606	1.010	1.350
	172702130	高压胶皮水管 φ19−6P−20m	m	2.84	0.606	1.010	1.350
	280304200	铜芯聚氯乙烯绝缘导线 BV−1.5mm²	m	0.71	36.688	53.766	61.169
	341100100	水	m³	4.42	6.636	11.060	14.830
	002000020	其他材料费	元	—	9.34	13.76	18.24
机械	990128010	风动凿岩机 气腿式	台班	14.30	1.186	1.976	3.184
	991004030	内燃空气压缩机 9m³/min	台班	415.33	0.590	0.984	1.592
	990768010	电动修钎机	台班	106.13	0.235	0.392	0.736

A.1.3 沟槽石方爆破(编码:090101003)

A.1.3.1 底宽 1m 以内

工作内容:布孔、钻孔、验孔、装药、填塞、联网络、覆盖、警戒、起爆、爆后检查、二次破碎、爆破材料检查领
运及余料退库。

计量单位:100m³

	定 额 编 号			HA0037	HA0038	HA0039
	项 目 名 称			底宽 1m 以内		
				软质岩	较硬岩	坚硬岩
	综 合 单 价 (元)			**5096.02**	**7516.06**	**11827.02**
费用	其中	人 工 费 (元)		1423.63	2046.75	4205.63
		材 料 费 (元)		2270.35	3221.21	4072.99
		施 工 机 具 使 用 费 (元)		797.11	1328.65	1888.39
		企 业 管 理 费 (元)		408.62	621.07	1121.30
		利 润 (元)		169.66	257.88	465.58
		一 般 风 险 费 (元)		26.65	40.50	73.13
	编码	名 称	单位	单价(元)	消 耗 量	
人工	000700020	爆破综合工	工日	125.00	11.389	16.374	33.645
材料	011500030	六角空心钢 22~25	kg	3.93	10.090	16.280	24.960
	031391310	合金钢钻头一字形	个	25.56	7.698	10.857	15.857
	340300710	乳化炸药	kg	11.11	86.080	137.420	174.710
	340300400	电雷管	个	1.79	506.730	610.400	722.800
	172700820	高压胶皮风管 φ25−6P−20m	m	7.69	1.644	2.740	3.700
	172702130	高压胶皮水管 φ19−6P−20m	m	2.84	1.644	2.740	3.700
	280304200	铜芯聚氯乙烯绝缘导线 BV−1.5mm²	m	0.71	55.714	70.969	78.960
	341100100	水	m³	4.42	18.126	30.210	40.620
	002000020	其他材料费	元	—	33.55	47.60	60.19
机械	990128010	风动凿岩机 气腿式	台班	14.30	3.287	5.478	7.559
	991004030	内燃空气压缩机 9m³/min	台班	415.33	1.642	2.737	3.780
	990768010	电动修钎机	台班	106.13	0.642	1.070	1.982

A.1.3.2 底宽 4m 以内

工作内容：布孔、钻孔、验孔、装药、填塞、联网络、覆盖、警戒、起爆、爆后检查、二次破碎、爆破材料检查领运及余料退库。

计量单位：100m³

定 额 编 号					HA0040	HA0041	HA0042
项 目 名 称					底宽 4m 以内		
					软质岩	较硬岩	坚硬岩
综 合 单 价 （元）					**2883.46**	**4589.87**	**7522.91**
费用	其中	人 工 费 （元）			771.75	1318.50	2863.50
		材 料 费 （元）			1289.59	1746.37	2299.02
		施工机具使用费 （元）			480.90	916.25	1242.04
		企 业 管 理 费 （元）			230.49	411.19	755.42
		利 润 （元）			95.70	170.74	313.66
		一 般 风 险 费 （元）			15.03	26.82	49.27
	编码	名 称	单位	单价（元）	消 耗 量		
人工	000700020	爆破综合工	工日	125.00	6.174	10.548	22.908
材料	011500030	六角空心钢 22～25	kg	3.93	7.410	11.230	16.430
	031391310	合金钢钻头一字形	个	25.56	4.710	7.130	10.430
	340300710	乳化炸药	kg	11.11	63.480	90.640	121.080
	340300400	电雷管	个	1.79	182.140	196.230	230.650
	172700820	高压胶皮风管 $\phi 25-6P-20m$	m	7.69	1.068	1.780	2.230
	172702130	高压胶皮水管 $\phi 19-6P-20m$	m	2.84	1.068	1.780	2.230
	280304200	铜芯聚氯乙烯绝缘导线 BV－1.5mm²	m	0.71	37.259	42.900	50.636
	341100100	水	m³	4.42	11.772	19.620	26.330
	002000020	其他材料费	元	—	19.06	25.81	33.98
机械	990128010	风动凿岩机 气腿式	台班	14.30	1.982	3.776	4.976
	991004030	内燃空气压缩机 9m³/min	台班	415.33	0.991	1.888	2.488
	990768010	电动修钎机	台班	106.13	0.386	0.736	1.296

A.1.3.3 底宽 7m 以内

工作内容：布孔、钻孔、验孔、装药、填塞、联网络、覆盖、警戒、起爆、爆后检查、二次破碎、爆破材料检查领运及余料退库。

计量单位：100m³

定 额 编 号					HA0043	HA0044	HA0045
项 目 名 称					底宽 7m 以内		
					软质岩	较硬岩	坚硬岩
综 合 单 价 （元）					**1390.14**	**2110.08**	**3006.43**
费用	其中	人 工 费 （元）			292.75	421.25	674.38
		材 料 费 （元）			632.09	931.54	1224.42
		施工机具使用费 （元）			303.01	504.99	726.13
		企 业 管 理 费 （元）			109.62	170.43	257.69
		利 润 （元）			45.52	70.76	107.00
		一 般 风 险 费 （元）			7.15	11.11	16.81
	编码	名 称	单位	单价（元）	消 耗 量		
人工	000700020	爆破综合工	工日	125.00	2.342	3.370	5.395
材料	011500030	六角空心钢 22～25	kg	3.93	3.750	6.190	9.330
	031391310	合金钢钻头一字形	个	25.56	2.380	3.930	5.960
	340300710	乳化炸药	kg	11.11	32.080	50.300	65.740
	340300400	电雷管	个	1.79	72.070	76.240	95.040
	172700820	高压胶皮风管 $\phi 25-6P-20m$	m	7.69	0.606	1.010	1.350
	172702130	高压胶皮水管 $\phi 19-6P-20m$	m	2.84	0.606	1.010	1.350
	280304200	铜芯聚氯乙烯绝缘导线 BV－1.5mm²	m	0.71	36.688	53.766	61.169
	341100100	水	m³	4.42	6.636	11.060	13.390
	002000020	其他材料费	元	—	9.34	13.77	18.09
机械	990128010	风动凿岩机 气腿式	台班	14.30	1.248	2.080	2.824
	991004030	内燃空气压缩机 9m³/min	台班	415.33	0.624	1.040	1.416
	990768010	电动修钎机	台班	106.13	0.245	0.408	0.920

A.2 预裂爆破工程(编码:090102)

A.2.1 路堑边坡开挖爆破(编码:090102001)

工作内容:布孔、钻孔、验孔、装药、填塞、联网络、警戒、起爆、爆后检查、爆破材料检查领运及余料退库。 **计量单位:100m²**

定 额 编 号					HA0046	HA0047	HA0048
项 目 名 称					路堑边坡开挖爆破		
					软质岩	较硬岩	坚硬岩
综 合 单 价 (元)					2847.46	4137.01	5241.13
费 用	其 中	人 工 费 (元)			378.75	520.50	693.25
		材 料 费 (元)			1368.49	1647.76	1921.38
		施工机具使用费 (元)			783.60	1435.84	1915.80
		企 业 管 理 费 (元)			213.87	359.97	480.06
		利 润 (元)			88.80	149.46	199.33
		一 般 风 险 费 (元)			13.95	23.48	31.31
	编码	名 称	单位	单价(元)	消	耗	量
人工	000700020	爆破综合工	工日	125.00	3.030	4.164	5.546
材 料	340300710	乳化炸药	kg	11.11	66.839	84.774	101.866
	340300400	电雷管	个	1.79	5.416	6.376	7.310
	340300520	导爆索	m	2.05	216.958	233.627	251.624
	032102670	钻杆	根	1538.46	0.005	0.010	0.015
	031394885	钻头 $\phi76$	个	205.13	0.377	0.437	0.471
	280304200	铜芯聚氯乙烯绝缘导线 BV−1.5mm²	m	0.71	80.815	106.354	135.132
	341100100	水	m³	4.42	1.997	2.417	3.779
	002000020	其他材料费	元	—	20.22	24.35	28.39
机械	990157010	履带式液压潜孔钻机 100mm 以内	台班	576.18	1.360	2.492	3.325

A.2.2 基础边界开挖爆破(编码:090102002)

工作内容:布孔、钻孔、验孔、装药、填塞、联网络、警戒、起爆、爆后检查、爆破材料检查领运及余料退库。 **计量单位:100m²**

定 额 编 号					HA0049	HA0050	HA0051
项 目 名 称					基础边界开挖爆破		
					软质岩	较硬岩	坚硬岩
综 合 单 价 (元)					3319.38	4826.04	6115.53
费 用	其 中	人 工 费 (元)			439.25	607.25	808.75
		材 料 费 (元)			1597.00	1922.15	2242.66
		施工机具使用费 (元)			914.40	1674.96	2235.00
		企 业 管 理 费 (元)			249.07	419.93	560.05
		利 润 (元)			103.42	174.36	232.54
		一 般 风 险 费 (元)			16.24	27.39	36.53
	编码	名 称	单位	单价(元)	消	耗	量
人工	000700020	爆破综合工	工日	125.00	3.514	4.858	6.470
材 料	340300710	乳化炸药	kg	11.11	77.981	98.906	118.847
	340300400	电雷管	个	1.79	6.320	7.440	8.530
	340300520	导爆索	m	2.05	253.160	272.160	293.610
	032102670	钻杆	根	1538.46	0.006	0.012	0.018
	031394885	钻头 $\phi76$	个	205.13	0.440	0.510	0.550
	280304200	铜芯聚氯乙烯绝缘导线 BV−1.5mm²	m	0.71	94.300	124.100	157.680
	341100100	水	m³	4.42	2.330	2.820	4.410
	002000020	其他材料费	元	—	23.60	28.41	33.14
机械	990157010	履带式液压潜孔钻机 100mm 以内	台班	576.18	1.587	2.907	3.879

A.3 光面爆破工程(编码:090103)

A.3.1 路堑边坡开挖爆破(编码:090103001)

工作内容:布孔、钻孔、验孔、装药、填塞、联网络、警戒、起爆、爆后检查、爆破材料检查领运及余料退库。 **计量单位:**100m²

定 额 编 号						HA0052	HA0053	HA0054
项 目 名 称						路堑边坡开挖爆破		
						软质岩	较硬岩	坚硬岩
综 合 单 价 (元)						**2523.36**	**3725.95**	**4747.20**
费用 其中		人 工 费 (元)				378.75	520.50	693.25
		材 料 费 (元)				1044.39	1236.70	1427.45
		施 工 机 具 使 用 费 (元)				783.60	1435.84	1915.80
		企 业 管 理 费 (元)				213.87	359.97	480.06
		利 润 (元)				88.80	149.46	199.33
		一 般 风 险 费 (元)				13.95	23.48	31.31
	编码	名 称	单位	单价(元)		消	耗	量
人工	000700020	爆破综合工	工日	125.00		3.030	4.164	5.546
材料	340300710	乳化炸药	kg	11.11		38.098	48.321	58.064
	340300400	电雷管	个	1.79		5.416	6.376	7.310
	340300520	导爆索	m	2.05		216.958	233.627	251.624
	032102670	钻杆	根	1538.46		0.005	0.010	0.015
	031394885	钻头 $\phi 76$	个	205.13		0.377	0.437	0.471
	280304200	铜芯聚氯乙烯绝缘导线 BV−1.5mm²	m	0.71		80.815	106.354	135.132
	341100100	水	m³	4.42		1.997	2.417	3.779
	002000020	其他材料费	元	—		15.43	18.28	21.10
机械	990157010	履带式液压潜孔钻机 100mm 以内	台班	576.18		1.360	2.492	3.325

A.3.2 基础边坡开挖爆破(编码:090103002)

工作内容:布孔、钻孔、验孔、装药、填塞、联网络、警戒、起爆、爆后检查、爆破材料检查领运及余料退库。 **计量单位:**100m²

定 额 编 号						HA0055	HA0056	HA0057
项 目 名 称						基础边坡开挖爆破		
						软质岩	较硬岩	坚硬岩
综 合 单 价 (元)						**2941.25**	**4346.45**	**5539.25**
费用 其中		人 工 费 (元)				439.25	607.25	808.75
		材 料 费 (元)				1218.87	1442.56	1666.38
		施 工 机 具 使 用 费 (元)				914.40	1674.96	2235.00
		企 业 管 理 费 (元)				249.07	419.93	560.05
		利 润 (元)				103.42	174.36	232.54
		一 般 风 险 费 (元)				16.24	27.39	36.53
	编码	名 称	单位	单价(元)		消	耗	量
人工	000700020	爆破综合工	工日	125.00		3.514	4.858	6.470
材料	340300710	乳化炸药	kg	11.11		44.449	56.376	67.743
	340300400	电雷管	个	1.79		6.320	7.440	8.530
	340300520	导爆索	m	2.05		253.160	272.160	293.610
	032102670	钻杆	根	1538.46		0.006	0.012	0.018
	031394885	钻头 $\phi 76$	个	205.13		0.440	0.510	0.550
	280304200	铜芯聚氯乙烯绝缘导线 BV−1.5mm²	m	0.71		94.300	124.100	157.680
	341100100	水	m³	4.42		2.330	2.820	4.410
	002000020	其他材料费	元	—		18.01	21.32	24.63
机械	990157010	履带式液压潜孔钻机 100mm 以内	台班	576.18		1.587	2.907	3.879

B 措施项目

说　明

　　爆破工程的爆破震动监测、爆破噪声监测、滚跳石防护、被保护对象的前期勘查和后期炮损、试验爆破工程等措施费按经审批的施工组织设计(方案)按实计算。

工程量计算规则

爆破安全措施项目减震孔工程量按钻孔总长以"延长米"计算。

B.1 爆破安全措施项目(编码:090701)

B.1.1 减震孔(编码:090701004)

工作内容:布孔、钻孔、清孔。

计量单位:100m

定 额 编 号					HB0001	HB0002	HB0003
项 目 名 称					钻减震孔		
					软质岩	较硬岩	坚硬岩
综 合 单 价 (元)					**1601.72**	**2089.18**	**2799.59**
费 用	其 中	人 工 费 (元)			126.25	173.50	231.13
		材 料 费 (元)			111.44	137.57	162.41
		施 工 机 具 使 用 费 (元)			1044.99	1360.30	1841.47
		企 业 管 理 费 (元)			215.51	282.22	381.36
		利 润 (元)			89.48	117.18	158.35
		一 般 风 险 费 (元)			14.05	18.41	24.87
	编码	名 称	单位	单价(元)	消	耗	量
人工	000700020	爆破综合工	工日	125.00	1.010	1.388	1.849
材 料	032102670	钻杆	根	1538.46	0.006	0.012	0.018
	031394885	钻头 $\phi76$	个	205.13	0.440	0.510	0.550
	341100100	水	m³	4.42	2.330	2.820	4.410
	002000020	其他材料费	元	—	1.65	2.03	2.40
机 械	990157010	履带式液压潜孔钻机 100mm 以内	台班	576.18	1.632	2.136	2.850
	991004030	内燃空气压缩机 9m³/min	台班	415.33	0.252	0.312	0.480